特色农产品质量安全管控"一品一策"丛书

香菇全产业链质量安全风险管控手册

李 真 戴 芬 主编

中国农业出版社
北 京

编 写 人 员

主　　编　李　真　戴　芬

副 主 编　叶长文　邵志华　钟华蓉　李文学　程长标

编写人员　（按姓氏笔画排序）

　　　　　叶长文　朱作艺　江云珠　李　真

　　　　　李文学　邵志华　金　婷　金佳颖

　　　　　赵学平　胡小丫　钟华蓉　姚佳蓉

　　　　　郭　璟　韩　晨　程长标　戴　芬

专家团队　金群力　叶晓星　王　强　赵学平

插　　图　杭州出尘文化传媒有限公司

前　言

　　香菇（*Lentinula edodes*），又名香蕈、香菌、冬菇、花菇等，属担子菌门（Basidiomycota）伞菌目（Agaricales）口蘑科（Tricholomataceae）香菇属（*Lentinus*），起源于中国，是世界第二大食用菌。香菇味道鲜美、香气独特，且营养丰富，有低脂肪、高蛋白等营养特性，具有一定的保健和药用价值，是著名的药食同源真菌。香菇栽培历史悠久，目前中国是全球香菇生产和出口第一大国，香菇产量占全世界总产量的80%以上。香菇种植几乎遍及我国各地，主要分布在安徽、江苏、上海、浙江、江西、湖南、福建、台湾、广东、广西、云南、贵州、四川等地。

　　浙南山区，森林覆盖率高达80%，大型真菌资源丰富，独特的气候和丰富的资源使其成为世界香菇人工栽培发源地，成为全国香菇主产区。最早栽种香菇者，当属丽水市庆元县、龙泉市、景宁县三县市交界地带的山民。多年来，浙江省内香菇产业化水平整体呈现提升态势。但由于香菇生产受气候、地理自然因素制约影响较大，且随着城镇化进程的加快，香菇产业从业人员逐渐减少并呈老龄化，生产水平有限，香菇标准化生产技术尚有所欠缺，与农产品质量安全要求有一定差距。目前，香菇产业仍存在着种植低小散、产业链短、科技水平低等问题亟待解决。

2020年以来，浙江省农业农村厅、浙江省财政厅联合开展了农业标准化生产示范创建（"一品一策"）工作，项目组在调查、试验和研究的基础上，围绕绿色、优质、安全的生产目标，研究提出了基于香菇绿色生产的质量安全风险管控技术，运用生动有趣的卡通图片和简单易懂的文字编写完成《香菇全产业链质量安全风险管控手册》一书。本书适宜广大香菇种植者参考使用，为指导香菇绿色生产、提升香菇质量安全水平提供技术支撑。

本书在编写过程中，吸收了同行专家的研究成果，在此一并表示感谢。由于编者知识有限和经验不足，疏漏之处在所难免，敬请广大读者批评指正。

编　者

2023年10月13日

目　录

一、香菇的食药价值

香菇历来有"山珍之王"的美誉，味道鲜美、营养丰富，含有大量蛋白质、维生素、膳食纤维及矿物元素，且能量、脂肪含量较低，广受大众喜爱。同时，香菇还具有丰富的药用价值和保健功效。香菇中含有30多种酶和18种氨基酸，人体所必需的8种氨基酸中，香菇中就含有7种，因此香菇又成为纠正人体酶缺乏症和补充氨基酸的首选食物，且香菇中含有的膳食纤维对改善肠胃功能、促进消化吸收具有重要意义。我国古代医学著作，如《本经逢原》记载其"有益胃气"，《日用本草》记载其"益气、治风破血"，《本草纲目》记载其"性甘、味平、无毒，能化痰理气、益味助食、理小便不禁"等。现代医学研究表明，香菇中的多糖、嘌呤、麦角甾醇、萜类化合物是发挥生理活性的主要物质，具有抗衰老、抗氧化，抗肿瘤、抗病毒，抑菌防辐射，调节免疫力等作用。

二、香菇生产流程

场地准备—菌种选择—原辅料准备—制棒—灭菌—冷却—接种—培菌管理—出菇—采收—包装上市。

三、关键控制点及风险管控措施

（一）场地

1.产地环境

香菇生产场地应选择在生态条件良好、环境清洁卫生的区域，地势平坦开阔、通风良好、水源充足、排灌方便，远离工矿区和公路、铁路干线，避开污染源。

2.生产栽培场所

生产栽培场所宜采用标准大棚，并配备用于调节温、光、水、气的遮阳、微喷灌等设施设备。

使用前应清除杂物、杂草，平整地面，开设沟渠，利于排水；保持场地清洁、干燥。

接种和培菌场所可在地面撒一层石灰粉，铺上塑料布。先向空间内各个面喷水，24 h后用二氯异氰尿酸钠、二氧化氯等低毒无残留的消毒剂通过熏蒸、喷雾或擦拭进行消毒。

（二）菌种

应根据当地气候条件和海拔高度选择遗传稳定、抗逆性强、抗杂菌、抗病虫能力强的优质香菇菌种，早、中、迟熟品种适当搭配，同时需考虑市场、交通、消费和社会经济等综合因素。品种应通过省级以上非主要农作物品种认定或登记（备案），生产经营单位应取得食用菌菌种生产经营许可证。

菌种按照《食用菌菌种生产技术规程》（NY/T 528）的要求生产。菌种种性纯正；菌丝体生长均匀，洁白健壮；无杂菌菌落，无拮抗现象，无子实体原基；具有香菇菌种特有的气味，无异味。质量应符合《香菇菌种》（GB 19170）的要求。

（三）原辅料准备

严把原料质量关，杜绝使用掺假伪劣原辅料，严禁使用有毒、有害物质的原辅料。栽培基质应符合《食用菌栽培基质质量安全要求》（NY/T 1935）的规定；其中木屑应为无霉烂、无结块、无异味、无油污的阔叶硬杂木屑，粗细结合，大颗粒细度应在 5 ~ 10 mm；麦麸应新鲜、干燥，无结块、无霉变、无虫蛀、无掺假现象，并保存在通风干燥处；石膏粉应选用经过煅烧的优质熟石膏粉，无掺假现象。

（四）栽培技术

1. 季节安排

不同品种栽培季节安排见表1。

表1 不同品种栽培季节安排

品种	菌棒制作期	培菌管理期	出菇期
早熟品种	1—2月	1—5月	6—10月
中熟品种	4—6月	4—10月	11月至翌年4月
迟熟品种	7—8月	7—11月	12月至翌年5月

2. 制棒

（1）培养料配方。杂木屑78%、麦麸20%、石膏1%、糖1%。

（2）拌料。木屑宜提前2～3d预湿，将料水混合均匀，培养料含水量根据品种和生产季节控制在55%～60%。

（3）装袋。栽培袋应选用袋长550 mm、折宽150 mm、厚0.05 mm的高密度低压聚乙烯筒袋。及时用装袋机装袋、扎口，袋装重量为1.9～2 kg；装袋后检查筒袋，破损处用胶布贴补，并整齐摆放在灭菌周转架上。

3.灭菌

（1）常压灭菌。装袋后及时灭菌，4 h内使料温达到100 ℃后保持12～24 h，棒堆之间应留有空隙。

（2）压力灭菌。料棒采用微压灭菌时应打孔，料温达到106 ℃后保持8～12 h，棒堆之间应留有空隙。

4.冷却

灭菌后的料棒应及时转移至消毒后的冷却场所冷却。

5.接种

宜采用无菌接种。接种前对空间、接种用具、料棒表面进行消毒，接种者双手应用75%酒精溶液擦洗消毒。香菇生产过程中所用的消毒用化学药剂及使用参照表2。

表2　香菇生产过程中所用的消毒用化学药剂及使用

名称	使用浓度及方式	施用对象
酒精	75%酒精，浸泡或涂擦	手、接种工具、操作台面、菌种和菌棒表面等
气雾剂（66%二氯异氰尿酸钠）	$3 \sim 4 \ g/m^3$	接种室
	$2 \sim 3 \ g/m^3$	接种箱
	$3 \sim 5 \ g/m^3$	栽培房
波尔多液	硫酸铜1 g＋石灰1 g＋水100 g，现用现配，喷雾或涂擦	栽培房和床架

待料温降到28 ℃以下再进行接种，每棒打孔3 ～ 4个，菌种块塞满接种穴，压紧。

6. 培菌管理

（1）培菌场所。培菌场所应干燥、洁净、通风良好，遮阳避光，使用前应进行空间消毒。

适宜培菌温度为（23±2）℃，不具备精确控温条件的发菌室，低温时菌棒宜密集码放，高温时菌棒宜"井"字形码放。培菌场所空气相对湿度应保持在60% ～ 70%。定时通风换气，初期避光养菌，中后期应散射光培养发菌。

（2）翻堆。当接种口菌丝圈直径生长到3～8 cm（一般为5 cm）时开始翻堆，将菌棒逐步散开堆放成"井"字形或三角形，翻堆时菌棒上下层和内外调换位置。结合翻堆检查菌丝生长情况，及时剔除感染杂菌的菌棒并妥善处理。后期视环境变化、污染情况和菌丝生长情况进行翻堆。

（3）刺孔。菌丝满袋后宜在气温低于25 ℃时进行刺孔增氧，孔深1～3 cm，直径2～3 mm。刺孔时根据含水量，每袋均匀刺孔80～100个。气温高于25 ℃时不宜刺孔。刺孔后应及时散堆，并加强通风散热，避免烧菌。

（4）转色。刺孔后，宜在温度18～28 ℃、空气相对湿度85%～90%，并有较充足的氧气和适量散射光条件下进行转色。

（5）脱袋。当菌丝生理成熟、菌棒表面棕褐色、手捏菌棒有弹性或有少量菇蕾时，用刀片剖开塑料外袋并撕去，将菌棒均匀整齐排放在出菇架上。

（6）越夏管理。迟、中熟品种上半年制棒应做好越夏管理。宜采用室外荫棚越夏，高棚用一层遮阳网遮阳，低棚用反光膜遮盖，确保无直射阳光进棚。同时，加强通风降温，做好环境卫生和消毒防虫工作，防止烂棒。

棚内温度超过30 ℃时可在外棚喷凉水降温，夜间低温时加强棚内通风。

7. 出菇

（1）出菇场所。宜选择高棚层架式出菇模式和大棚脱袋斜置畦床式出菇模式。

（2）催蕾。控制菇棚合适的温湿度。白天温度18 ～ 25 ℃，夜间温度10 ～ 15 ℃，空气相对湿度90% ～ 95%，适量增加散射光。

（3）疏蕾。当菇蕾长至直径1 ～ 2 cm时，视菇蕾量进行疏蕾，15 cm×55 cm标准的菌棒每潮次保留分布合理的菇蕾10 ～ 20个。

（4）育菇。控制菇棚合适的温湿度。温度15 ～ 20 ℃，空气相对湿度85% ～ 90%，适量散射光，并加强通风。

（5）采收。

①采收时间。保鲜菇的采收宜在子实体6 ～ 7分成熟，菌盖内卷、菌膜未破前采收；用于干制的，鲜菇的采收宜在子实体7 ～ 8分成熟（菌膜已破，菌盖尚未完全开展，还保持内卷，形成"铜锣边"），菌褶已全部伸长时采收。采收前24 h禁止喷水。宜选择在晴天采收；阴雨天或气温较高时，可提前采收。

②采收方法。摘菇时左手握菌棒，右手大拇指和食指捏住菇柄基部轻轻旋动拔起，整菇采下，不带出培养料，保持菇体洁净。采收时应注意手只能触碰菇柄，不能擦伤菇褶及菌伞和菌伞边缘。

（6）转潮管理。一潮采后休养管理，先将菇棚清扫干净，并加强通风管理，通过喷雾（水）提高棚内湿度，一般休养期15d。

菌棒休养后，采用菌棒补水机或注水针补水出菇，补水标准以菌棒裂缝中溢出的水清澈为宜，一般补水量500～1 000 g。补水后，清洁菇房，进行下一潮菇的出菇管理。

（五）病虫害防治

1.防治原则

坚持"预防为主，综合防治"的原则。以农业防治为基础，物理防治为主，化学防治为辅。

2.主要病虫害

主要病原菌有木霉、链孢霉、曲霉、毛霉、青霉、根霉等；主要害虫有螨类、菇蚊、菇蝇、蛞蝓、线虫、跳虫等。

3.防治方法

（1）农业防治。选用抗病力强的优良菌种，制备菌丝健壮、生命力强的生产菌种。菇棚应保持良好的通风和清洁的卫生状态。发现染病菌棒，及时移除。

（2）物理防治。

①栽培前菇棚采用日光暴晒、高温闷棚、铲除旧土、石灰水粉刷、地面撒石灰等措施进行棚内消毒，杀灭病菌及害虫。

②菇棚的门、窗及通风孔安装孔径为0.21～0.25 cm的防虫网，并注意随手关门，阻挡外界虫源。

③可将刚炒香的菜籽饼或糖醋液（红糖∶醋∶白酒∶水＝3∶4∶1∶2）放入瓷盘中，置于发菌室诱杀螨虫、蛞蝓。

④在菇棚距离地面50～70 cm处悬挂黄色或蓝色粘虫板，每10 m^{2}悬挂1片，诱杀菇蚊和菇蝇的成虫。

⑤安装波长450 nm的食用菌专用杀虫灯诱杀菇蚊、菇蝇，杀虫灯悬挂于菇棚离地1.8 m处，每隔10～15 m安装1盏。

（3）化学防治。

①把握好病虫害防治的最佳时期，合理选择低毒、低残留的农药品种，不得使用剧毒、高毒农药以及国家明令禁止的农药。

严格按照农药标签科学用药，控制施药量和施药次数，严格执行安全间隔期。

②空棚可用66%二氯异氰尿酸钠烟剂6～8 g/m³ 熏蒸，消除霉菌。

③不得在出菇期间和仓储期间向菇体施用任何药物。

（六）储藏

1. 预冷

采收后及时预冷。采摘温度在0～15 ℃时，宜在采后4 h内实施预冷；采摘温度在15～30 ℃时，宜在采后2 h内实施预冷；当采摘温度超过30 ℃时，宜在采后1 h内实施预冷。

2. 分级

按照《香菇等级规格》（NY/T 1061）的规定分级。产品质量安全应符合《食品安全国家标准 食用菌及其制品》（GB 7096）及《绿色食品 食用菌》（NY/T 749）的规定。

3. 码垛

（1）鲜菇码垛。叠筐码垛，垛高不超过6层，离冷风机不少于1.5 m，离库边0.2 ~ 0.3 m，垛间距0.6 ~ 0.7 m，通道宽2 m为宜。

（2）干菇码垛。聚乙烯、聚丙烯薄膜袋贮藏，"井"字形码垛；瓦楞纸箱贮藏，层叠码垛，垛高不超过6层，离冷风机不少于0.5 m，垛间距0.6 ~ 0.7 m，通道宽2 m，垛底垫15 cm高的塑料套板等。垛顶与库顶之间应留1 m空间层。

4.贮藏要求

鲜菇贮藏温度0 ~ 4 ℃，干菇贮藏温度4 ~ 8 ℃。不能与有毒或有异味物混合贮藏，贮藏期间应经常检测香菇产品水分以及虫害霉变发生情况。干菇要轻搬轻放，堆垛应留空隙和走道，垛底垫塑料套板等，受潮后及时进行干燥处理。

（七）包装与运输

1.包装
包装应符合《绿色食品　包装通用准则》（NY/T 658）的规定。

2.运输
鲜菇在气温低于15 ℃时可采用普通货车运输。运输时间超过

3 d或气温高于15 ℃时应采用冷藏车运输，厢温控制在2 ～ 8 ℃。

干菇宜采用普通货车运输。

运输工具应清洁、卫生、无污染物、无杂物，应符合《食用菌包装及储运技术规程》（NY/T 3220）的规定。

不同容器分开装车，不能与有毒或有异味物混装，轻装轻卸、快装快运、防止碰撞和挤压。应有防晒、防热、防冻、防雨淋措施。

四、产品检测

检测要求

产品应进行质量安全检测，可委托有资质的单位检测或自行检测。检测合格后方可上市销售。

检测报告至少保存两年。

合格证

香菇上市销售时，生产者应出具承诺达标合格证。

承诺达标合格证

我承诺对生产销售的食用农产品：

☐ 不使用禁用农药兽药、停用兽药和非法添加物

☐ 常规农药兽药残留不超标

☐ 对承诺的真实性负责

承诺依据：

☐ 委托检测   ☐ 自我检测

☐ 内部质量控制   ☐ 自我承诺

—————————————————————————

产品名称：   数量(重量)：

产　　地：

生产者盖章或签字：

联系方式：

开具日期：   年   月   日

五、生产档案

　　建立生产档案。全面真实记录生产者、香菇品种、种植规模、农业投入品采购及使用情况等相关信息，并至少保存2年。香菇农事操作记录参见表3，香菇农业投入品采购记录见表4。

表3　香菇农事操作记录

生产单位				
生产地点				
生产单位性质	公司□　　合作社□　　家庭农场□　　种植大户□			
种植规模		香菇品种		
基地监管人		联系电话		
具体农事操作记录				

日期	作业内容	农业投入品（肥、药等）		天气情况	备注
		商品名称	用量		
填表人：					

表4　香菇农业投入品采购记录

日期	产品名称	主要成分及含量	数量	产品批准登记号	生产单位	经营单位	票据号

填表人：

六、产品追溯

鼓励应用浙农码等现代信息技术和网络技术，建立香菇追溯信息体系，将香菇生产、运输流通、销售等各节点信息互联互通，实现香菇从产地到餐桌的全程质量管控。

七、产品认定（证）

　　绿色食品，是指产自优良生态环境、按照绿色食品标准生产、实行全程质量控制并获得绿色食品标志使用权的安全、优质食用农产品及相关产品。

农产品地理标志

农产品地理标志，是指标示农产品来源于特定地域，产品品质和相关特征主要取决于自然生态环境和历史人文因素，并以地域名称冠名的特有农产品标志。

有机食品

　　有机食品，是指来自有机农业生产体系，根据有机农业生产要求和相应的标准生产加工，并通过合法的有机食品认证机构认证，允许使用有机产品标志的农副产品及其加工品。

良好农业规范（GAP）

　　良好农业规范，简称"GAP"（Good Agricultural Practice），是一种适用方法和体系，通过经济的、环境的和社会的可持续发展措施，来保障食品安全和食品质量。

一级认证标志

二级认证标志

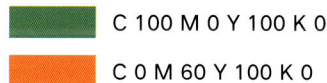

C 100 M 0 Y 100 K 0

C 0 M 60 Y 100 K 0

色标

八、农资管理

农资采购

　　一要看证照。要到经营证照齐全、经营信誉良好的合法农资商店购买。不要从流动商贩或无证经营的农资商店购买。

　　二要看标签。要认真查看产品包装和标签标识上的农药名称、有效成分及含量、农药登记证号、农药生产许可证号，或农药生产批准文件号、产品标准号、企业名称及联系方式、生产日期、产品批号、有效期、用途、使用技术和使用方法、毒性等事项，查验产品质量合格证。不要盲目轻信广告宣传和商家推荐。

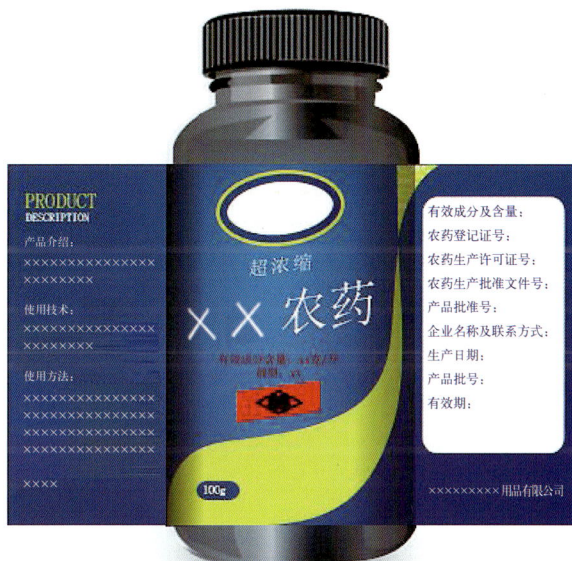

三要索要票据。要向经营者索要销售凭证，并连同产品包装物、标签等妥善保存好，以备出现质量等问题时作为索赔依据。不要接受未注明品种、名称、数量、价格及销售者的字据或收条。

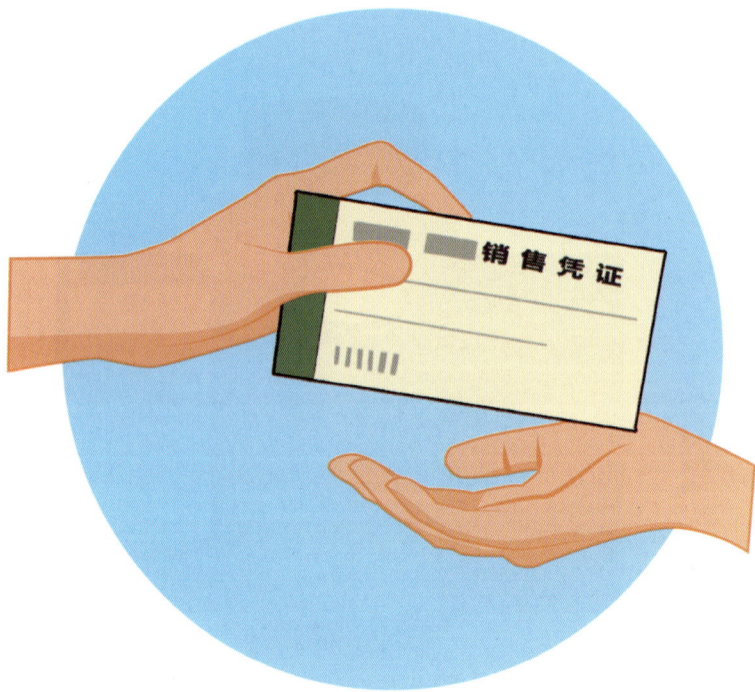

农资存放

　　农药和肥料存放时分门别类。

　　存放农药的地方须上锁。使用后剩余农药应保存在原来的包装容器内。

　　收集空农药瓶、农药袋、施药后剩余药液等进行集中处理。

农资使用

　　为保障操作者身体安全，特别是预防农药中毒，操作者作业时须穿戴保护装备，如帽子、保护眼罩、口罩、手套、防护服等。

　　身体不舒服时，不宜喷洒农药。

　　喷洒农药后，如出现呼吸困难、呕吐、抽搐等症状时应及时就医，并准确告诉医生所喷洒农药的名称及种类。

附　　录

附录1　农药基本知识

农药分类

杀 虫 剂

主要用来防治农、林、卫生、储粮等方面的害虫。

杀 菌 剂

对植物体内的真菌、细菌或病毒等具有杀灭或抑制作用，用以预防或防治作物各种病害的药剂。

除 草 剂

用来杀灭或控制杂草生长的农药。

植物生长调节剂

人工合成的具有调节植物生长发育作用的生物或化学制剂。

农药毒性分级及其标识

农药毒性分为剧毒、高毒、中等毒、低毒、微毒5个级别。

剧毒

高毒

中等毒

微毒

安全使用农药象形图

　　象形图应当根据产品实际使用的操作要求和顺序排列，包括储存象形图、操作象形图、忠告象形图、警告象形图。

储存象形图	放在儿童接触不到的地方，并加锁		
操作象形图	配制液体农药时……	配制固体农药时……	喷药时……
忠告象形图	戴手套	戴防护罩	戴防毒面具
	用药后需清洗	戴口罩	穿胶靴
警告象形图	危险/对家畜有害	危险/对鱼有害，不要污染湖泊、河流、池塘和小溪	

附录2 香菇上禁止使用的农药清单

根据中华人民共和国农业部公告第199号、第274号、第322号、第747号、第1586号、第2032号、第2445号、第2552号、农农发〔2010〕2号通知，四部委联合发布禁止高毒农药使用相关事宜的公告第632号，发改委、农业部等六部委公告2008年第1号，农业部、工业和信息化部、国家质量监督检验检疫总局公告第1745号等规定，提出香菇上禁止使用的农药：

六六六、滴滴涕、毒杀芬、艾氏剂、狄氏剂、除草醚、二溴乙烷、杀虫脒、敌枯双、二溴氯丙烷、汞制剂、砷、铅、氟乙酰胺、毒鼠强、氟乙酸钠、甘氟、毒鼠硅、甲胺磷、甲基对硫磷、对硫磷、久效磷、磷胺、苯线磷、地虫硫磷、甲基硫环磷、磷化钙、磷化镁、磷化锌、硫线磷、蝇毒磷、治螟磷、特丁硫磷、氯磺隆、甲磺隆、胺苯磺隆、福美胂、福美甲胂、八氯二丙醚、百草枯复配水剂、三氯杀螨醇、乙酰甲胺磷、丁硫克百威、乐果、氟虫腈、溴甲烷、氯化苦、磷化铝。

国家新禁用的农药自动录入。

附录3　我国对香菇中农药最大残留限量的规定

序号	农药名称	农药类别	最大残留量 （mg/kg）	产品名称
1	胺苯磺隆	除草剂	0.01	食用菌
2	巴毒磷	杀虫剂	0.02*	食用菌
3	丙酯杀螨醇	杀虫剂	0.02*	食用菌
4	草枯醚	除草剂	0.01*	食用菌
5	草芽畏	除草剂	0.01*	食用菌
6	丁硫克百威	杀虫剂	0.01	食用菌
7	毒虫畏	杀虫剂	0.01	食用菌
8	毒菌酚	杀菌剂	0.01*	食用菌
9	二溴磷	杀虫剂	0.01*	食用菌
10	氟除草醚	除草剂	0.01*	食用菌
11	格螨酯	杀螨剂	0.01*	食用菌
12	庚烯磷	杀虫剂	0.01*	食用菌
13	环螨酯	杀螨剂	0.01*	食用菌
14	甲拌磷	杀虫剂	0.01	食用菌
15	甲磺隆	除草剂	0.01	食用菌
16	甲基异柳磷	杀虫剂	0.01	食用菌

（续）

序号	农药名称	农药类别	最大残留量（mg/kg）	产品名称
17	甲氧滴滴涕	杀虫剂	0.01	食用菌
18	克百威	杀虫剂	0.02	食用菌
19	乐果	杀虫剂	0.01	食用菌
20	乐杀螨	杀螨剂/杀菌剂	0.05*	食用菌
21	硫丹	杀虫剂	0.05	食用菌
22	氯苯甲醚	杀菌剂	0.01	食用菌
23	氯磺隆	除草剂	0.01	食用菌
24	氯酞酸	除草剂	0.01*	食用菌
25	氯酞酸甲酯	除草剂	0.01	食用菌
26	茅草枯	除草剂	0.01*	食用菌
27	灭草环	除草剂	0.05*	食用菌
28	灭螨醌	杀螨剂	0.01	食用菌
29	三氟硝草醚	除草剂	0.01*	食用菌
30	三氯杀螨醇	杀螨剂	0.01	食用菌
31	杀虫畏	杀虫剂	0.01	食用菌
32	杀扑磷	杀虫剂	0.05	食用菌

（续）

序号	农药名称	农药类别	最大残留量（mg/kg）	产品名称
33	速灭磷	杀虫剂/杀螨剂	0.01	食用菌
34	特乐酚	除草剂	0.01*	食用菌
35	戊硝酚	杀虫剂/除草剂	0.01*	食用菌
36	烯虫炔酯	杀虫剂	0.01*	食用菌
37	烯虫乙酯	杀虫剂	0.01*	食用菌
38	消螨酚	杀螨剂/杀虫剂	0.01*	食用菌
39	溴甲烷	熏蒸剂	0.02*	食用菌
40	乙酰甲胺磷	杀虫剂	0.05	食用菌
41	乙酯杀螨醇	杀螨剂	0.01	食用菌
42	抑草蓬	除草剂	0.05*	食用菌
43	茚草酮	除草剂	0.01*	食用菌
44	2,4-滴和2,4-滴钠盐	除草剂	0.1	食用菌：蘑菇类（鲜）
45	百菌清	杀菌剂	5	食用菌：蘑菇类（鲜）
46	苯菌酮	杀菌剂	0.5*	食用菌：蘑菇类（鲜）
47	除虫脲	杀虫剂	0.3	食用菌：蘑菇类（鲜）
48	代森锰锌	杀菌剂	5	食用菌：蘑菇类（鲜）

（续）

序号	农药名称	农药类别	最大残留量（mg/kg）	产品名称
49	氟虫腈	杀虫剂	0.02	食用菌：蘑菇类
50	氟氯氰菊酯和高效氟氯氰菊酯	杀虫剂	0.3	食用菌：蘑菇类（鲜）
51	氟氰戊菊酯	杀虫剂	0.2	食用菌：蘑菇类（鲜）
52	福美双	杀菌剂	5	食用菌：蘑菇类（鲜）
53	腐霉利	杀菌剂	5	食用菌：蘑菇类（鲜）
54	甲氨基阿维菌素苯甲酸盐	杀虫剂	0.05	食用菌：蘑菇类（鲜）
55	氯氟氰菊酯和高效氯氟氰菊酯	杀虫剂	0.5	食用菌：蘑菇类（鲜）
56	氯菊酯	杀虫剂	0.1	食用菌：蘑菇类（鲜）
57	氯氰菊酯和高效氯氰菊酯	杀虫剂	0.5	食用菌：蘑菇类（鲜）
58	马拉硫磷	杀虫剂	0.5	食用菌：蘑菇类（鲜）
59	咪鲜胺和咪鲜胺锰盐	杀菌剂	2	食用菌：蘑菇类（鲜）
60	灭蝇胺	杀虫剂	7	食用菌：蘑菇类（鲜）[平菇（鲜）除外]
61	氰戊菊酯和S氰戊菊酯	杀虫剂	0.2	食用菌：蘑菇类（鲜）
62	噻菌灵	杀菌剂	5	食用菌：蘑菇类（鲜）

（续）

序号	农药名称	农药类别	最大残留量（mg/kg）	产品名称
63	双甲脒	杀螨剂	0.5	食用菌：蘑菇类（鲜）
64	五氯硝基苯	杀菌剂	0.1	食用菌：蘑菇类（鲜）
65	溴氰菊酯	杀虫剂	0.2	食用菌：蘑菇类（鲜）

注：引自《食品安全国家标准　食品中农药最大残留限量》（GB 2763—2021）。"*"表示该限量为临时限量。

主 要 参 考 文 献

晁代伟, 2013. 香菇病虫害防治[J]. 河南农业 (17):11.

何伯伟, 徐丹彬, 2017. 浙江省香菇产业发展报告[J]. 食药用菌, 25(1):6-11.

何树财, 2021. 大棚香菇高产栽培技术要点[J]. 农业技术与装备 (8):162-163.

李勤斌, 2011. 香菇常见病虫害防治 (上)[J]. 乡村科技, 457(11):23.

马仲堂, 田发财, 2021. 大棚香菇优质栽培技术[J]. 种子科技, 39(11):51-52.

庞茂旺, 高霞, 田召玲, 等, 2010. 无公害食品香菇生产技术规程[J]. 山东农业科学
(10):106-108.

吴学谦, 2009. 代料花菇立体层架培育技术讲座 (七)——代料花菇病虫害综合防治技术
[J]. 浙江食用菌, 17(5):20-23.

徐玉妹, 张润清, 2021. 我国香菇产业现状及未来发展分析[J]. 中国食用菌, 40(10):89-92,
96.

周伟, 凌亮, 郭尚, 2020. 香菇食药价值综述 [J]. 食药用菌, 28(6):461-465,469.

周伟, 凌亮, 郭尚, 2020. 香菇栽培的不同培养料研究与应用[J]. 安徽农学通报, 26(21):26-
28.

图书在版编目（CIP）数据

香菇全产业链质量安全风险管控手册 / 李真，戴芬
主编. -- 北京 ：中国农业出版社，2024.10. -- (特色
农产品质量安全"一品一策"丛书). -- ISBN 978-7-
109-32569-2

　Ⅰ.S646.1-62

中国国家版本馆CIP数据核字第2024RY2478号

中国农业出版社出版

地址：北京市朝阳区麦子店街18号楼
邮编：100125
责任编辑：周晓艳　　耿韶磊
版式设计：杨　婧　责任校对：吴丽婷　　责任印制：王　宏
印刷：北京缤索印刷有限公司
版次：2024年10月第1版
印次：2024年10月北京第1次印刷
发行：新华书店北京发行所
开本：787mm×1092mm　1/24
印张：2
字数：25千字
定价：29.00元
